HF464986

INVENTAIRE
V 13402

CHEMIN DE FER DU NORD.

PROFILS EN LONG

AVEC LES INDICATIONS

des Prises d'Eau et Dépôts de Machines.

OCTOBRE 1873.

V

PROFILS EN LONG.

TABLE DES MATIÈRES.

BN

	Pages.
Paris à Tergnier (par Chantilly)	1
Chantilly à Crépy-en-Valois	2
Noyelles à Saint-Valery	2
Tergnier à Charleroi	3
Tergnier à Laon	4
Busigny à Somain	4
Maubeuge à Feignies	4
Hautmont à Mons	4
Paris à Creil (par Pontoise)	5
De la Gare aux Charbons au kilomètre 3	5
Paris-Ouest à Saint-Ouen-l'Aumône	5
Creil à Gournay	6
Paris à Amiens (par Chantilly)	7
Amiens à Calais (par Boulogne)	8
Amiens à Rouen	9
Buchy à Clères	9
Amiens à Tergnier	10
Amiens à Lille	11
Lille à Calais	12
Arras à Dunkerque	13
Lens à Carvin	14
Douai à Quiévrain	14
Lille à Mouscron	14
Lille à Tournai	14
Paris à Soissons	15
Soissons à Valenciennes	16

PROFIL EN LONG

ENTRE PARIS ET TERGNIER

par Chantilly

BIBLIOTHÈQUE NATIONALE [stamp]

Prises d'eau

Dépôts de Machines

Noms des Stations	Distances de Paris (par Pontoise à partir de Creil)
PARIS	
Bifurcation Kil. 3	3.3
St Denis	6.1
Pierrefitte	10.1
Villiers le Bel	14.8
Goussainville	19.5
Louvres	23.6
Survilliers	29.1
Orry la Ville	35.
Chantilly	40.9
Bifurcation de Senlis	
Carrière de St Maximin	44.6
Creil Bifon de Pontoise Bifon d'Amiens	50.3 / 67.3
Pont-Ste Maxence	78.9
Verberie	88.3
Compiègne	100.6
Thourotte	108.9
Ribécourt	113.9
Ourscamps	117.8
Noyon	124.2
Appilly	132.3
Chauny	140.4
Tergnier Bifon de Laon	147.9

Distances en Kil. des Stations entre elles

6.1	4.	4,6	4.8	4.	6.1	5.4	5.9	3.7	5.6	11,6	9.4	12.3	8.2	5.	4.	6.3	8,1	8,1	7.5

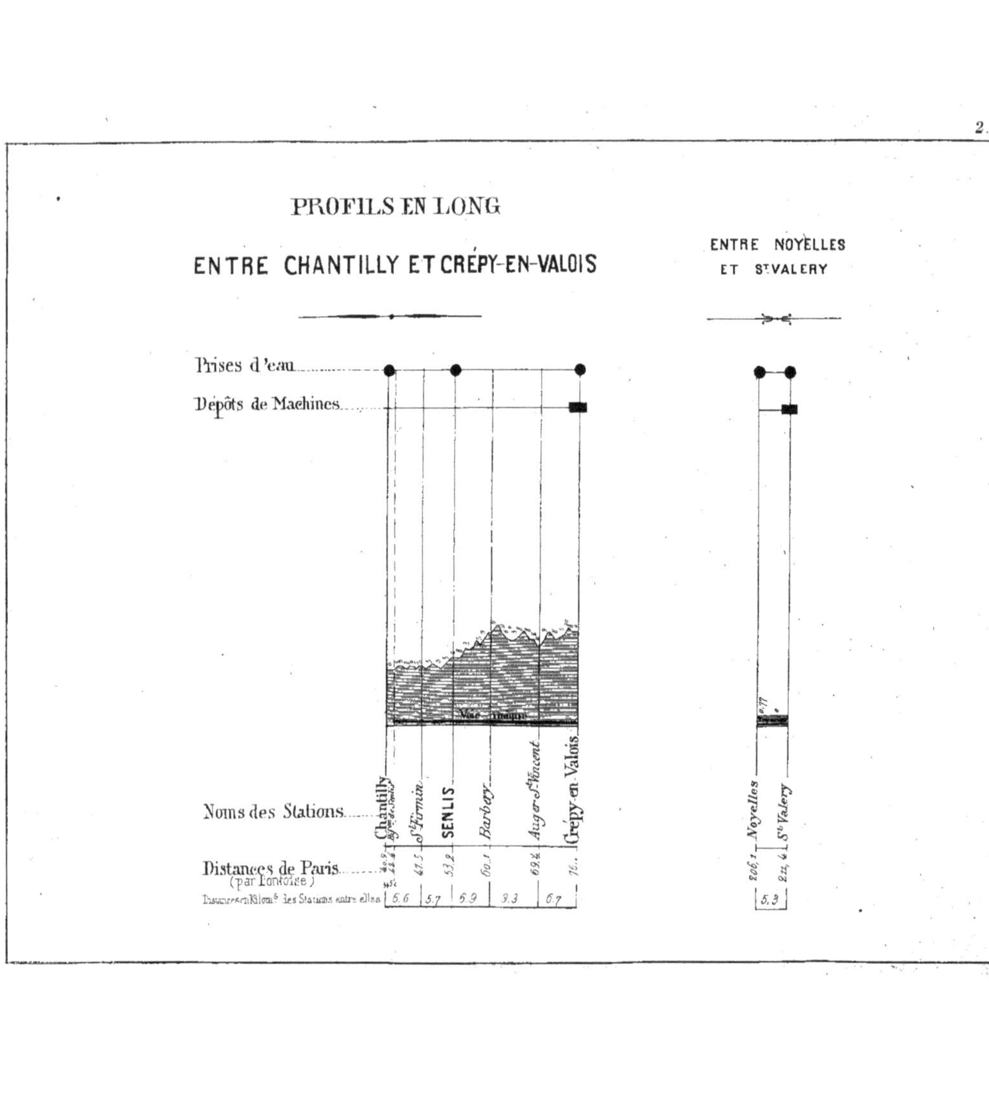
PROFILS EN LONG
ENTRE CHANTILLY ET CRÉPY-EN-VALOIS
ENTRE NOYELLES
ET St VALERY
Prises d'eau
Dépôts de Machines
Noms des Stations
Chantilly
St Firmin
SENLIS
Barbery
Auger-St Vincent
Crépy-en-Valois
Noyelles
St Valery
Distances de Paris
(par Pontoise)
47.5
53.2
60.1
69.4
76.
206.1
211.4
5.6
5.7
6.9
9.3
6.7
5.3

PROFIL EN LONG

ENTRE TERGNIER ET CHARLEROI

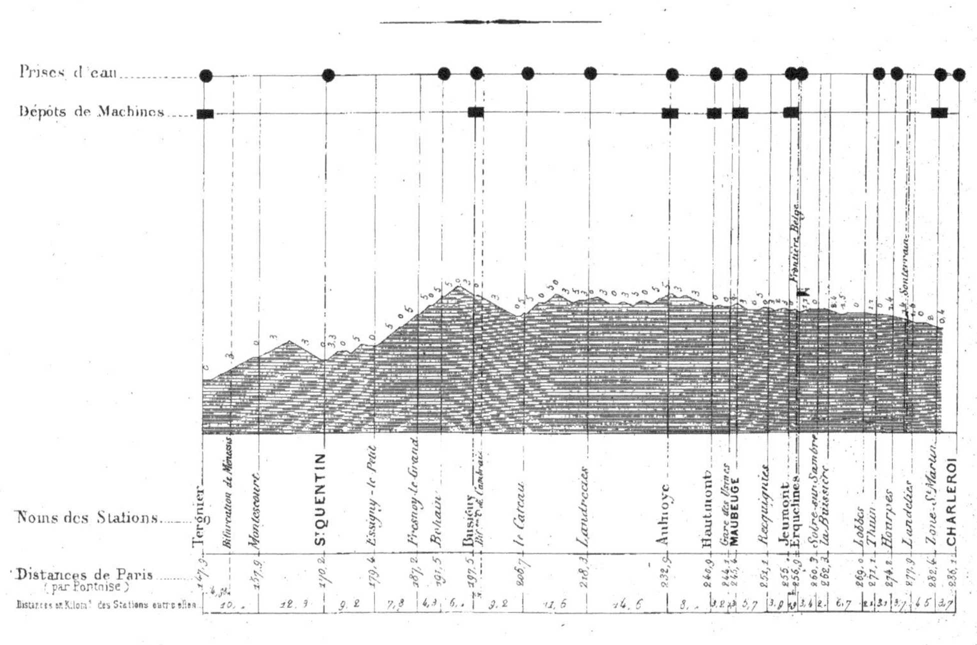

PROFILS EN LONG

ENTRE TERGNIER ET LAON

ENTRE BUSIGNY ET SOMAIN

ENTRE MAUBEUGE ET FEIGNIES

ENTRE HAUTMONT ET MONS

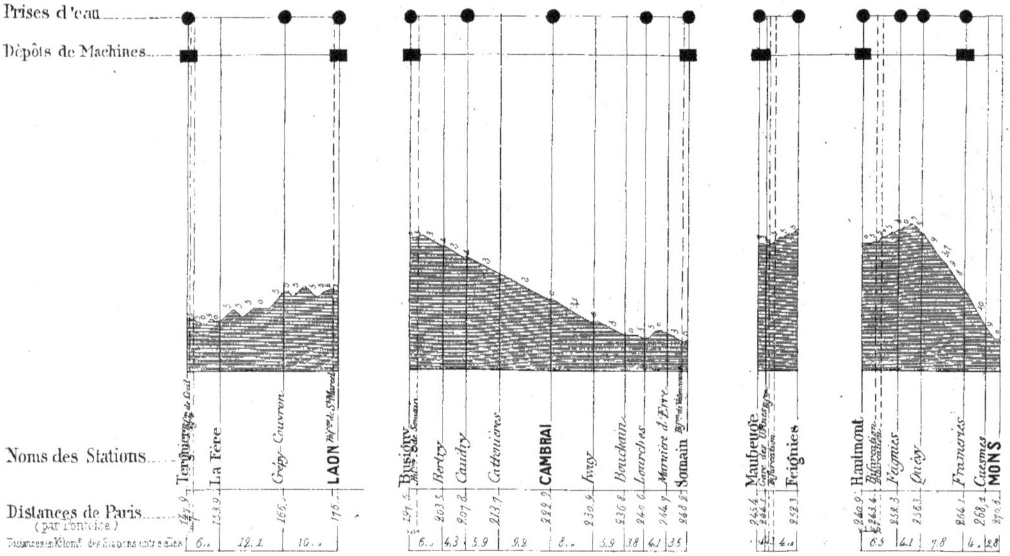

Prises d'eau

Dépôts de Machines

Noms des Stations

Distances de Paris (par Pontoise)

Distances en Kilom. des Stations entre elles

Tergnier — La Fère — Crépy-Couvron — LAON

Busigny — Bertry — Caudry — Cattenières — CAMBRAI — Iwuy — Bouchain — Lourches — Marnière d'Erre — Somain

Maubeuge — Feignies

Hautmont — Bifurcation — Feignies — Quévy — Frameries — Cuesmes — MONS

Tergnier	La Fère	Crépy-Couvron	LAON
147.9	153.9	166.	176.
6.	12.1	10.	

Busigny	Bertry	Caudry	Cattenières	CAMBRAI	Iwuy	Bouchain	Lourches	Marnière d'Erre	Somain
197.4	203.5	207.8	213.7	222.2	230.9	236.8	240.6	244.7	248.8
6.	4.3	5.9	9.2	8.	5.9	3.8	4.1	3.5	

Maubeuge	Feignies
245.4	252.3
4.	4.

Hautmont	Bifurcation	Feignies	Quévy	Frameries	Cuesmes	MONS
240.9	243.4	258.3	256.3	264.1	268.1	270.8
6.5	4.1	7.8	4.	2.8		

PROFILS EN LONG

ENTRE PARIS ET CREIL
par Pontoise

DE LA GARE AUX CHARBONS
AU KILOMÈTRE 3

ENTRE PARIS-OUEST
ET St OUEN L'AUMÔNE

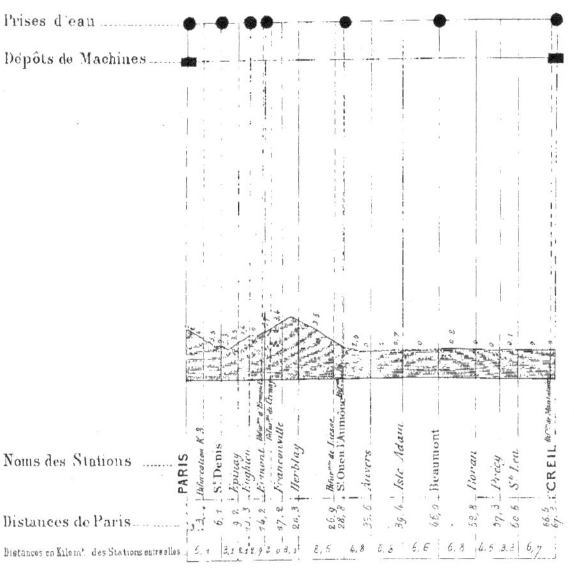

PROFIL EN LONG

ENTRE CREIL ET GOURNAY

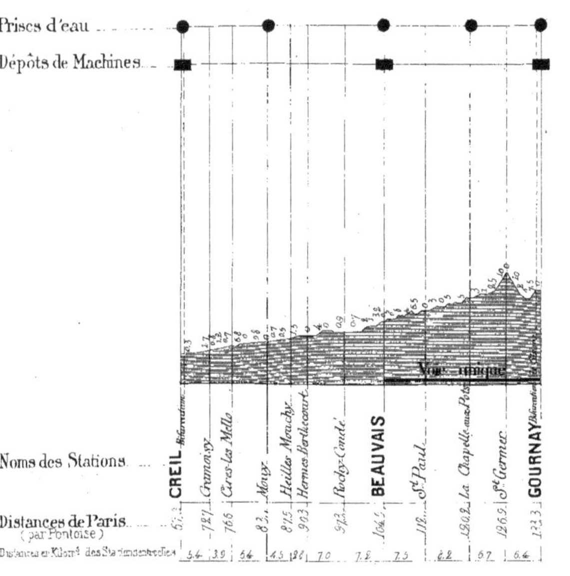

PROFIL EN LONG

ENTRE PARIS ET AMIENS

par Chantilly.

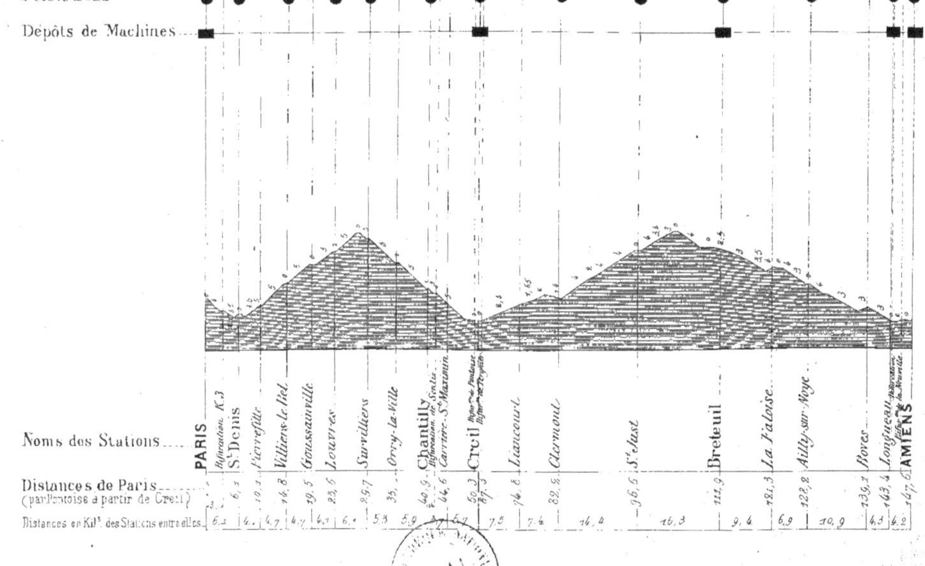

PROFIL EN LONG

ENTRE AMIENS ET CALAIS

par Boulogne.

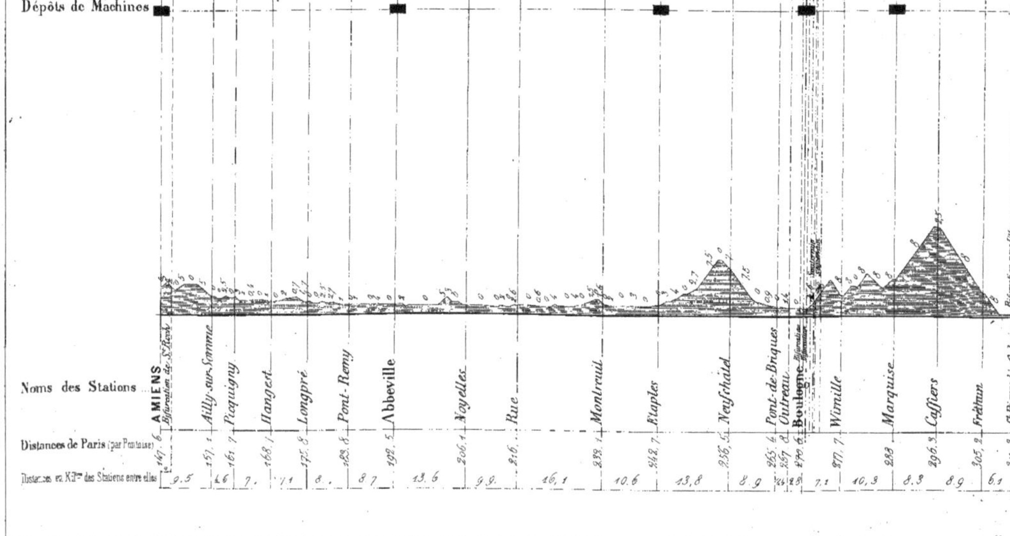

PROFILS EN LONG

ENTRE AMIENS ET ROUEN

ENTRE BUCHY ET CLÈRES

Prises d'eau

Dépôts de Machines

Noms des Stations

Distances de Paris (par Pontoise)

Distances en Kilom. des Stations entre elles

Noms des Stations	Distances de Paris (par Pontoise)	Distances en Kilom. des Stations entre elles
AMIENS	142.0	
Bifurcation de …	142.6	7.5
Saleux	149.9	4.9
Bacouel	156.[illegible]	6.2
Namps	162.3	7.7
Famechon	173.5	4.4
Poix	177.9	13.8
Fouilloy	192.7	6.8
Abancourt	198.5	5.1
Formerie	203.6	[illegible]
Gaillefontaine	212.2	6.9
Serqueux	219.1	[illegible]
Sommery	228.[illegible]	[illegible]
Buchy Bif^{on} vers Clères	236.9 / 237.1	11.[illegible]
Morgny	247.9	12.5
Darnetal	260.4	3.8
ROUEN	264.2	

Noms des Stations	Distances de Paris (par Pontoise)	Distances en Kilom. des Stations entre elles
Buchy Bif^{on} vers Clères	236.9 / 237.1	6.4
Critot	243.3	5.5
Bosc-le-Hard	248.8	4.9
Aiguilles d'Étampuis	253.3	
Clères	257.3	

PROFIL EN LONG

ENTRE AMIENS ET TERGNIER

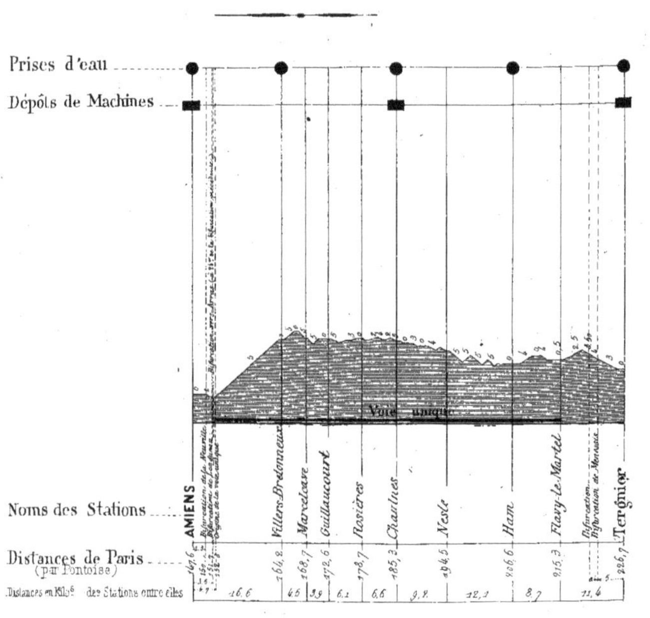

PROFIL EN LONG

ENTRE AMIENS ET LILLE.

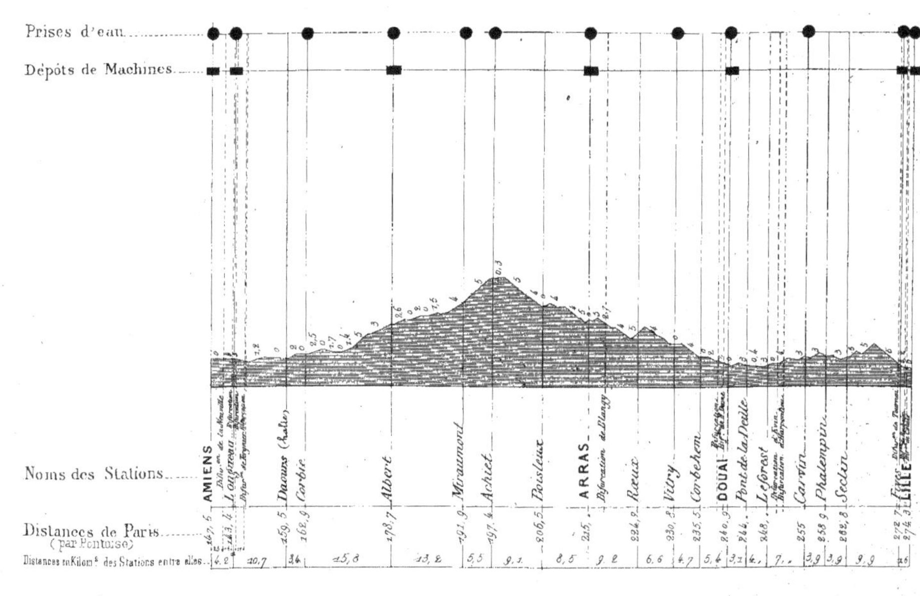

PROFIL EN LONG
ENTRE LILLE ET CALAIS.

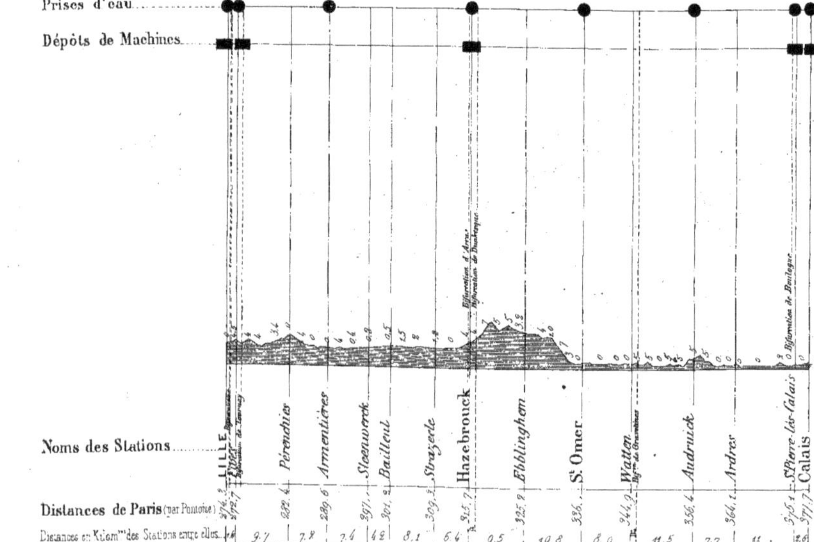

PROFIL EN LONG

ENTRE ARRAS ET DUNKERQUE

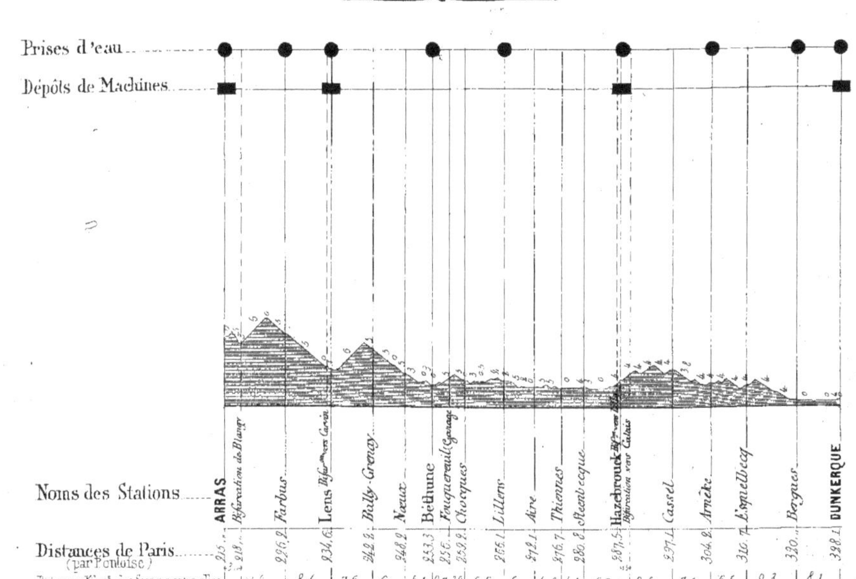

PROFILS EN LONG

Prises d'eau

Dépôts de Machines

ENTRE LENS ET CARVIN

Noms des Stations	Distances de Paris (par Pontoise)	Distances en Kilom.tres des Stations entre elles
Hénin-Liétard	243.9	5.6
Bifurc.on de la Maison Rouge / Bifurc.on d'Ostricourt	249.5 / 250.4	0.9
Leforest	253 par Lens / 248 par Douai	2.8
LENS (Bifurcation d'Arras)	234.6	6.4
Billy-Montigny	240.9	2.9
Hénin-Liétard	243.9	5.6
Bifurc.on de la Maison Rouge / Bifurc.on d'Harponlieu	249.5 / 250.7	0.9
Carvin	255	2.3

ENTRE DOUAI ET QUIÉVRAIN

Noms des Stations	Distances de Paris (par Pontoise)	Distances en Kilom.tres des Stations entre elles
DOUAI (Bifurcation vers Arras / Bifurcation)	240.8	8.1
Montigny	248.9	6.4
Somain (Bifurcation vers Busigny)	255.3	9.1
Wallers	261.4	6.
Raismes	270.4	5.6
VALENCIENNES	276	11.6
Blanc-Misseron	287.6	1.8
Quiévrain	289.4	

Frontière Belge

ENTRE LILLE ET MOUSCRON

Noms des Stations	Distances de Paris (par Pontoise)	Distances en Kilom.tres des Stations entre elles
LILLE	274.3	1.6
Fives	272.7	7.
Croix-Wasquehal	281.6	
Roubaix	284.1	2.6
Tourcoing	286.7	5.3
Mouscron	292	

Frontière Belge

ENTRE LILLE ET TOURNAY

Noms des Stations	Distances de Paris (par Pontoise)	Distances en Kilom.tres des Stations entre elles
LILLE	274.3	1.6
Fives		5.6
Ascq	277.4	5.3
Baisieux	282.7	4.8
Blandain	287.5	6.7
TOURNAY	294.2	

Frontière Belge

PROFIL EN LONG

ENTRE PARIS ET SOISSONS.

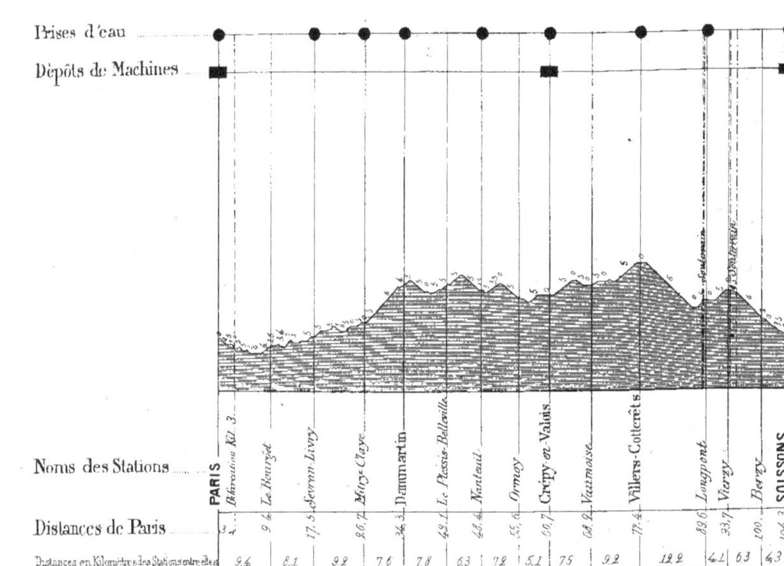

PROFIL EN LONG

ENTRE SOISSONS ET VALENCIENNES.

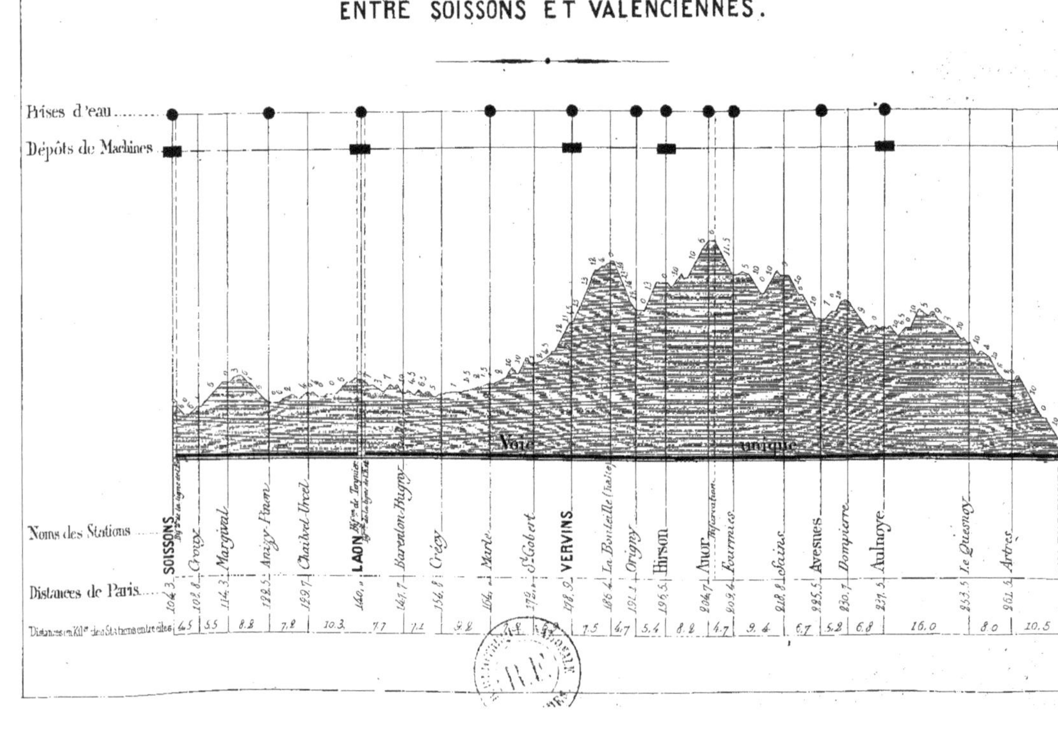

CARTE DU CHEMIN DE FER DU NORD,
DE SES EMBRANCHEMENS ET DES LIGNES EN CORRESPONDANCE.

www.ingramcontent.com/pod-product-compliance
Ingram Content Group UK Ltd.
Pitfield, Milton Keynes, MK11 3LW, UK
UKHW031057260726
13965UKWH00006B/2189